Bibliografische Information der Deutschen Nationalbibliothek:

Die Deutsche Bibliothek verzeichnet diese Publikation in der Deutschen Nationalbibliografie; detaillierte bibliografische Daten sind im Internet über http://dnb.d-nb.de/ abrufbar.

Impressum:

Druck und Bindung: Books on Demand GmbH, Norderstedt Germany
ISBN: 9783346138255

Dieses Buch bei GRIN:

https://www.grin.com/document/534847

Michel Martin

Steuerungsbau. Planung und Umsetzung einer CNC Steuerung für eine Anton-Fräsmaschine

GRIN Verlag

Steuerungsbau einer CNC-Fräsmaschine

Interdisziplinäres Projekt

Vorwort

Die vorliegende Arbeit stellt ein Gemeinschaftsprojekt der Autoren
, allesamt Maschinenbaustudenten am Umwelt-Campus Birkenfeld, dar, nachdem durch Herrn Dipl.-Ing. (FH) Stefan Hirsch die Überlegung herangetragen wurde, ein Projekt zur sog. „Anton-Fräsmaschine" auszuarbeiten.

Die Überlegungen der Autoren mündeten letztlich in die Realisierung eines Projektes mit der Arbeitsüberschrift „Steuerungsbau einer CNC-Fräsmaschine" (Näheres vgl. Ziff. 1, Aufgabenstellung, Seite 1).

Die Autoren bedanken sich für die intensive Unterstützung durch
als Projektleiter.

Birkenfeld, im SS 2015

Inhaltsverzeichnis

1 Aufgabenstellung 4

2 Bestandsaufnahme 4

2.1 Mechanik 4

2.2 Elektrik 4

2.2.1 Endschalter 4

2.2.2 Schrittmotoren 5

2.3 Software 6

3 Optimierung 7

3.1 Mechanik 7

3.1.1 Spindelblock 7

3.1.2 Y-Achse 8

3.1.3 Maschinenrückwand 9

3.2 Elektrik 10

3.2.1 Stromversorgung 10

3.2.2 Benezan Board 10

3.2.3 Endstufen 11

3.2.4 Schrittmotoren 12

3.2.5 Frequenzumrichter mit Spindel 13

3.2.6 Sicherheitsschaltung 14

3.2.6.1 Türschalter 16

3.2.6.2 Notaus-Schalter 17

3.2.6.3 Beleuchtung Maschinenraum 18

3.2.7 Gesamtschaltbild 19

3.2.8 Ergebnis Elektrik 20

3.3 Software 21

3.3.1 anton_mill.hal 21

3.3.2 anton_mill.ini 24

3.3.3 custompanel.xml 26

3.4 Einkaufsliste 27

4 Weitere Optimierungsmöglichkeiten (Folgeprojekte) ... 28

4.1 Mechanik ... 28

4.1.1 Kühlmittelpumpe/ Minimalmengenschmierung ... 28

4.1.2 Montage des Monitors ... 28

4.1.3 Werkzeugwechsler ... 28

4.2 Elektrik ... 28

4.2.1 Automatische Werkzeuglängenvermessung ... 28

4.3 Software ... 28

4.3.1 Simulationssteuerung ... 28

5 Abbildungsverzeichnis ... 29

6 Tabellenverzeichnis ... 30

7 Literaturverzeichnis ... 31

1 Aufgabenstellung

Die Aufgabenstellung des Projektes beinhaltet die Planung und Umsetzung der Steuerung für die „Anton-CNC-Fräsmaschine“ des Umwelt-Campus Birkenfeld.

Hierbei wird das Augenmerk auf zwei wesentliche Sicherheitsaspekte gelegt:

Einerseits muss verhindert werden, dass während der Bearbeitung in den Maschinenraum eingegriffen werden kann. Andererseits wird es erforderlich sein, die Maschine bei Fehlfunktion jederzeit stoppen zu können. Hierzu ist die Planung und Verwendung einer Sicherheitsschaltung notwendig.

Ein weiterer Bestandteil des Projektes wird darin liegen, die Stromversorgung der Maschine durch ein einziges Anschlusskabel zu gewährleisten.

Abschließend soll eine Fehleranalyse mögliche Ergänzungen und Optimierungen für die Maschine aufzeigen und vorschlagen.

2 Bestandsaufnahme

Nach Projektaufnahme wurde die „Anton-CNC-Fräsmaschine“ aus dem Technikum übernommen und der aktuelle Bestand in Bezug auf Mechanik, Elektrik und Software geprüft und festgestellt.

2.1 Mechanik

Beim Prüfen der Mechanik wurde festgestellt, dass die Kugelumlaufspindel der Y-Achse klemmte. Nach Ausbau der Kugelumlaufspindel stellte sich ein fehlen der Kugeln in der Mutter heraus. Auch ist die Rückwand der Maschinenumhausung nicht auffindbar.

2.2 Elektrik

An der Maschine sind bereits Türschalter, Schrittmotoren und Endschalter verbaut. Diese Komponenten sind im Weiteren genauer beschrieben.

2.2.1 Endschalter

An der Maschine ist je Achse ein Endschalter verbaut.

Folgender induktiver Näherungsschalter (PNP-Schließer) ist hier als Endschalter im Einsatz:

Contrinex DW-AD-603-M8

Die Farbbelegung ist aus dem Anschlussschema (Abbildung 1) des Endschalters übernommen.

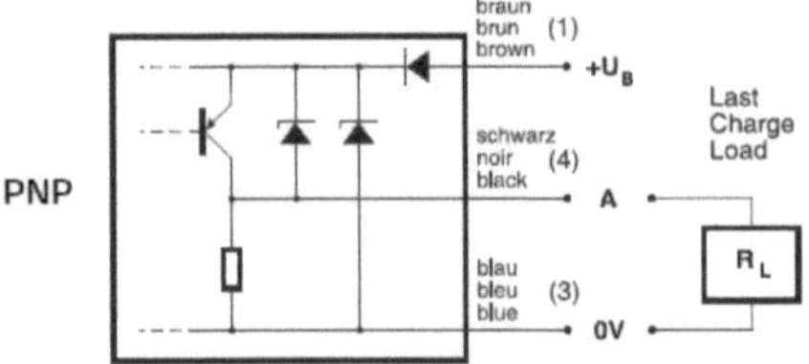

Abbildung 1: Anschlussschema Contrinex DW-AD-603-M8 (Con)

2.2.2 Schrittmotoren

Die Schrittmotoren sind die Originalmotoren (Abbildung 2) der CNC-Fräsmaschine und haben daher ein Baujahr von ca. 1983. Technische Daten sind nur aus der folgenden Motorenbeschriftung zu entnehmen. Eine Farbbelegung der Anschlusskabel ist nicht vorhanden. Der Schrittmotor besitzt 8 Anschlussdrähte, jedoch sind hier je 4 Drähte miteinander verbunden und somit der Schrittmotor als 5 polig in Verwendung.

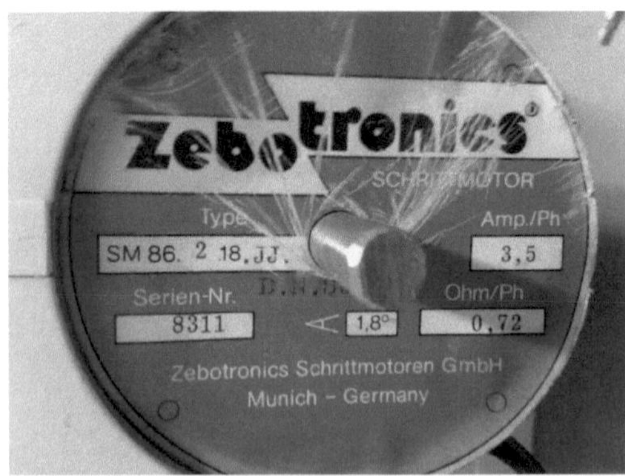

Abbildung 2: Beschriftung Schrittmotor

Folgende Daten können anhand der Beschriftung des Motors (Abbildung 2) ermittelt werden:

Tabelle 1: Daten Schrittmotor

Bezeichnung	Angabe
Firma	Zebotronics Schrittmotoren GmbH München
Type	SM 86.2.18.JJ.D.N.S3.W
Serien-Nr.	8311
Nennstrom	3,5 A/Phase
Schrittwinkel	1,8°
Widerstand	0,72 Ohm/Phase
Anschlussbelegung	8 Drähte

2.3 Software

Softwaretechnisch ist an der Maschine noch nichts umgesetzt. Jedoch ist eine Konfiguration von Linux-CNC auf der CNC-Drehmaschine vorhanden, welche im weiteren Verlauf genutzt werden kann.

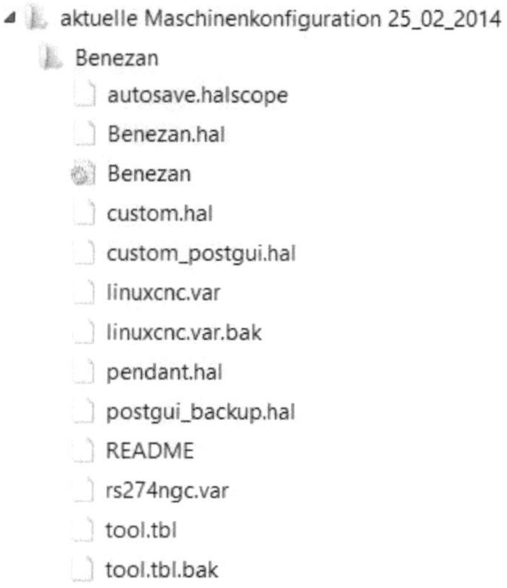

- aktuelle Maschinenkonfiguration 25_02_2014
  - Benezan
    - autosave.halscope
    - Benezan.hal
    - Benezan
    - custom.hal
    - custom_postgui.hal
    - linuxcnc.var
    - linuxcnc.var.bak
    - pendant.hal
    - postgui_backup.hal
    - README
    - rs274ngc.var
    - tool.tbl
    - tool.tbl.bak

Abbildung 3: Dateien CNC-Drehmaschine

3 Optimierung

3.1 Mechanik

An der Mechanik mussten verschiedene Anpassungen vorgenommen werden, welche im Folgenden beschrieben sind.

3.1.1 Spindelblock

Um die neue Elte-Spindel (Abbildung 11) mit der Maschine zu verbinden, muss ein Spindelblock gemäß Abbildung 4 angefertigt werden.

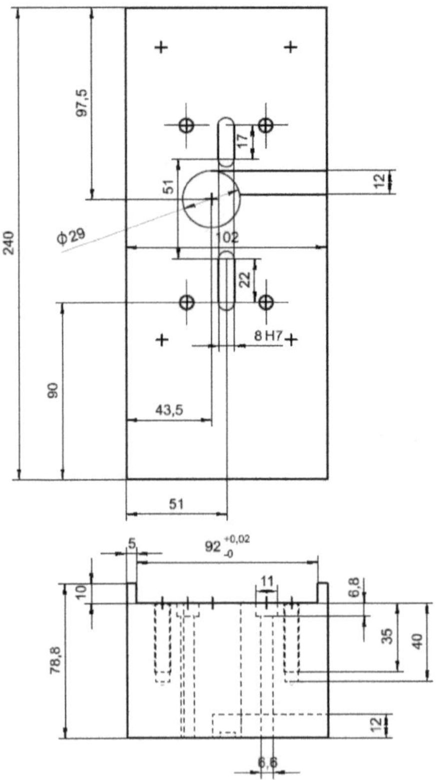

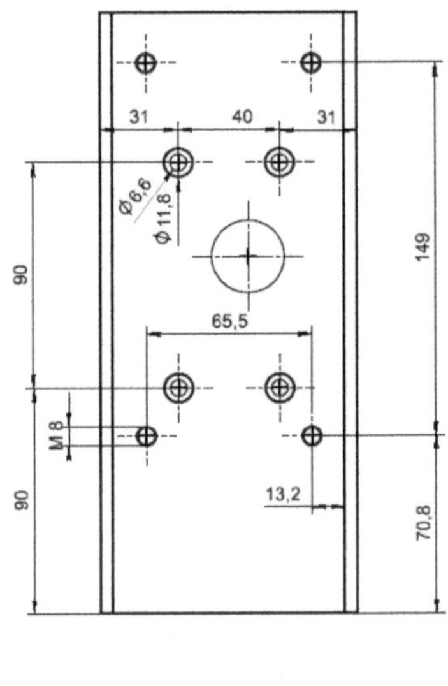

Abbildung 4: Spindelblock

3.1.2 Y-Achse

Bei Untersuchung der Klemmung der Y-Achse, wurde festgestellt, dass viele Kugeln der Kugelumlaufmutter fehlen. Eine Reparatur war auf Grund des Zustandes der Kugelumlaufmutter nicht möglich. Daher wurde eine neue Kugelumlaufmutter samt Kugelumlaufspindel bestellt.

Um die neue Kugelumlaufspindel mit dem Antrieb und der Lagerung verbinden zu können, muss diese wie in Abbildung 5 bearbeitet werden.

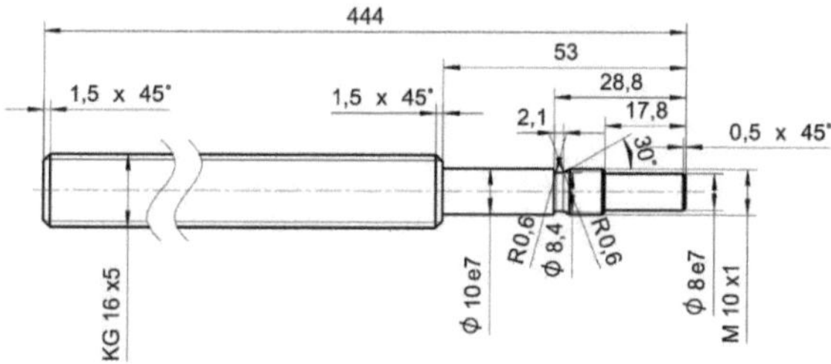

Abbildung 5: Zeichnung Kugelgewindespindel

Auch muss zur Verbindung der neuen Kugelumlaufmutter mit dem Maschinenturm ein neuer Mutternblock wie in Abbildung 6 angefertigt werden.

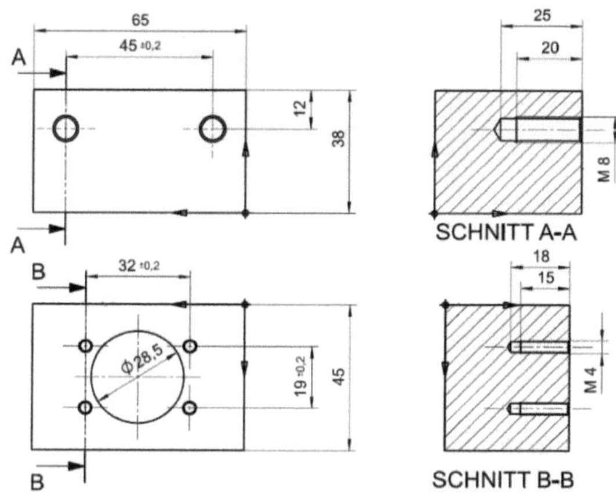

Abbildung 6: Zeichnung Mutterblock

3.1.3 Maschinenrückwand

Aufgrund des Fehlens der Rückwand wurde eine neue Rückwand (Abbildung 7) angefertigt. Hierzu wurde ein 2mm dickes Stahlblech auf die Abmessung 1200mmx800mm zurechtgeschnitten und mit den Halterungen der Maschine vernietet

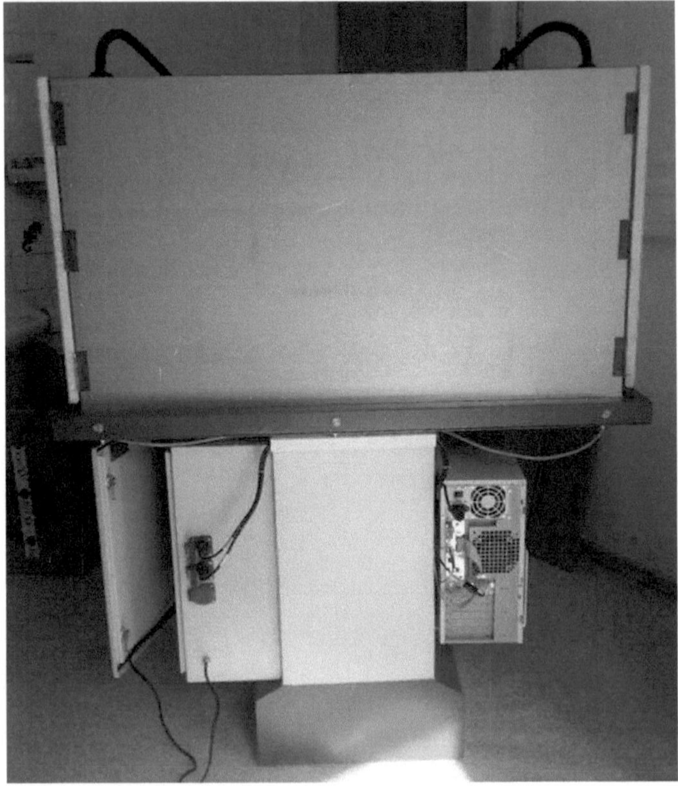

Abbildung 7: Maschinenrückwand

3.2 Elektrik

3.2.1 Stromversorgung

Die Anlage wird mit einer normalen 230V Leitung gespeist. Die 230V Leitung wird durch einen Hauptschalter geschaltet. Im Schaltschrank werden die 230V mittels 4 Netzteilen auf 5V, 12V, 24V und 75V transformiert.

Zur Stromversorgung von Rechner und Monitor sind am Schaltschrank Einbausteckdosen verbaut.

Die Spannungsversorgung des 75V Netzteils wird mittels Relais gesteuert.

3.2.2 Benezan Board

Verwendet wird, wie auch in der CNC-Drehmaschine, das Breakoutboard von „Benezan electronics" (Abbildung 8).

Das Breakoutboard verfügt über folgende Funktionen:

- 1 SUBD-25 Stecker für LPT-Portkabel zur Verbindung mit dem Steuerrechner
- Betrieb mit LinuxCNC möglich
- 4 RJ45-Buchsen für Ethernet Patchkabel zu den Endstufen
- 4 Eingänge für induktive Referenzschalter ,1 Nothalt
- 2 Relais für Enable-Signal und Drehrichtung des Frequenzumrichters
- Watchdog (Ladungspumpe) verhindert ungewollte Bewegungen beim Booten des PC
- Analogausgang 0.10V für Drehzahlsteuerung (Frequenzumrichter)
- unterstützt Stromabsenkungs- und Statussignal der Endstufen
- Alle Ein- und Ausgänge gepuffert und entstört für hohe Störfestigkeit
- Weitbereichs-Versorgungsspannungseingang 15 .80V

(Benezan, Nicolas; Benezan Electronics, 2012)

Abbildung 8: Benezan Breakoutboard

3.2.3 Endstufen

Die Endstufen werden durch das 75V Netzteil mit Strom versorgt. Zur Verbindung der Endstufen mit dem Benezan Breakoutboard werden RJ45 Adapter verwendet.

Eingestellt wurden die Endstufen auf 1/8 Schritte.

Abbildung 9: Endstufen

3.2.4 Schrittmotoren

Nach Rücksprache mit dem Hersteller der Schrittmotoren, besteht leider keine Möglichkeit das fehlende Datenblatt dieser zu bekommen, alternativ kann jedoch das Datenblatt des Schrittmotors Typ SM 87.2.1818JL3,5W der Firma STÖGRA Antriebstechnik GmbH, ehemals Zebotronics Schrittmotoren GmbH, zur Ermittlung der Farbbelegung der Anschlussdrähte verwendet werden.

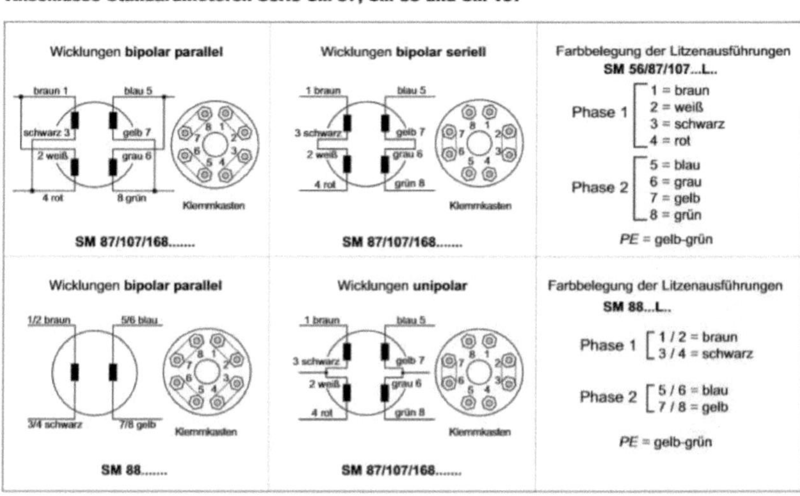

Abbildung 10: Anschlüsse Standardmotoren Serie SM87, SM 88 und SM 107

(STÖ14)

Aufgrund der verwendeten Endstufen wird das Anschlussbild bipolar parallel verwendet.

Die Farbbelegung des 5 poligen Kabels im Schaltschrank ist aus Tabelle 2 zu entnehmen.

Tabelle 2: Belegung Schrittmotor

Farbe des Kabels (5 polig)	**Belegung am Türschalter**
Schwarz 1	A+
Schwarz 2	A-
Schwarz 3	B+
Schwarz 4	B-
Gelb-Grün (PE)	Nicht belegt

3.2.5 Frequenzumrichter mit Spindel

Der Frequenzumrichter wurde mittels Minimalanschlussplan angeschlossen. Die Stromversorgung beträgt 230V. Die Spindel (Abbildung 11) wird mit 3 Phasen betrieben. Die Soll-Drehzahl wird mittels PWM vom Breakoutboard übertragen.

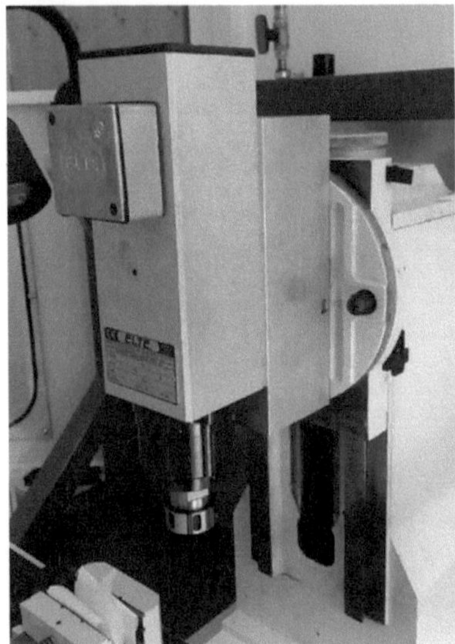

Abbildung 11: Elte Spindel

Um den Frequenzumrichter auf die Spindel abzustimmen müssen folgende Werte (Abbildung 12) auf dem Frequenzumrichter eingestellt werden.

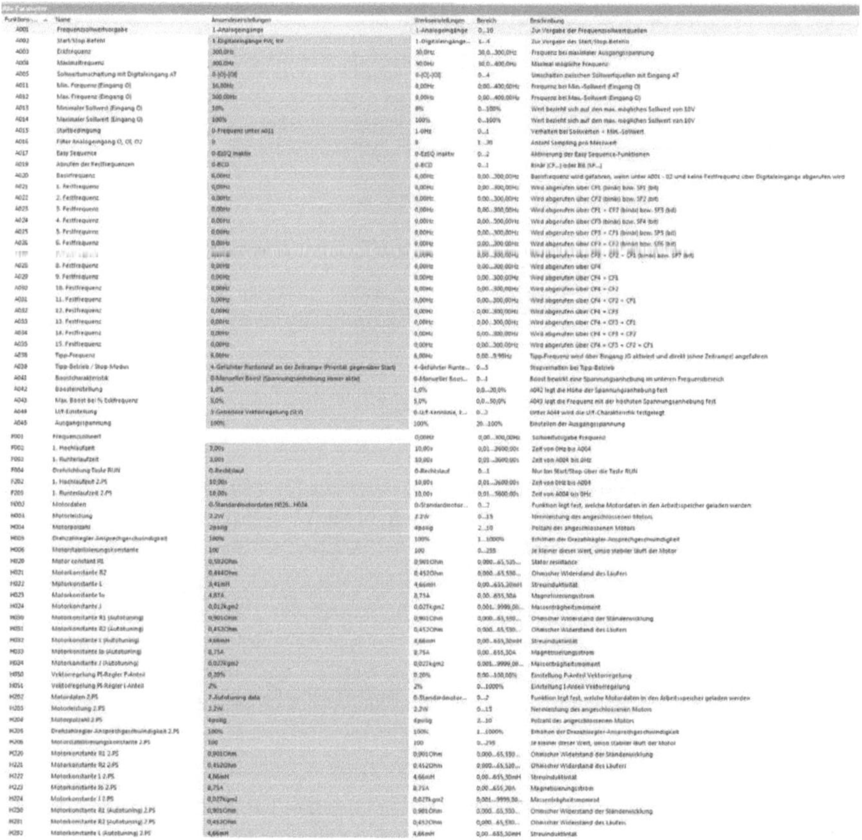

Funktions...	Name	Anwendereinstellungen	Werkseinstellungen	Bereich	Beschreibung
A001	Frequenzsollwertvorgabe	1-Analogeingänge	1-Analogeingänge	0...10	Zur Vergabe der Frequenzsollwertquellen
A002	Start/Stop Befehl	1-Digitaleingänge FW, RV	1-Digitaleingänge...	1...4	Zur Vergabe des Start/Stop-Befehls
A003	Eckfrequenz	300,0Hz	50,0Hz	30,0...300,0Hz	Frequenz bei maximaler Ausgangsspannung
A004	Maximalfrequenz	300,0Hz	50,0Hz	30,0...400,0Hz	Maximal mögliche Frequenz
A005	Sollwertumschaltung mit Digitaleingang AT	0-[O]-[OI]	0-[O]-[OI]	0...4	Umschalten zwischen Sollwertquellen mit Eingang AT
A011	Min. Frequenz (Eingang O)	16,80Hz	0,00Hz	0,00...400,00Hz	Frequenz bei Min.-Sollwert (Eingang O)
A012	Max. Frequenz (Eingang O)	300,00Hz	0,00Hz	0,00...400,00Hz	Frequenz bei Max.-Sollwert (Eingang O)
A013	Minimaler Sollwert (Eingang O)	10%	0%	0...100%	Wert bezieht sich auf den max. möglichen Sollwert von 10V
A014	Maximaler Sollwert (Eingang O)	100%	100%	0...100%	Wert bezieht sich auf den max. möglichen Sollwert von 10V
A015	Startbedingung	0-Frequenz unter A011	1-0Hz	0...1	Verhalten bei Sollwerten < Min.-Sollwert
A016	Filter Analogeingang O, OI, O2	8	8	1...30	Anzahl Sampling pro Messwert
A017	Easy Sequence	0-EzSQ inaktiv	0-EzSQ inaktiv	0...2	Aktivierung der Easy Sequence-Funktionen
A019	Abrufen der Festfrequenzen	0-BCD	0-BCD	0...1	Binär (CF...) oder Bit (SF...)
A020	Basisfrequenz	6,00Hz	6,00Hz	0,00...300,00Hz	Basisfrequenz wird gefahren, wenn unter A001 - 02 und keine Festfrequenz über Digitaleingänge abgerufen wird
A021	1. Festfrequenz	0,00Hz	0,00Hz	0,00...300,00Hz	Wird abgerufen über CF1 (binär) bzw. SF1 (bit)
A022	2. Festfrequenz	0,00Hz	0,00Hz	0,00...300,00Hz	Wird abgerufen über CF2 (binär) bzw. SF2 (bit)
A023	3. Festfrequenz	0,00Hz	0,00Hz	0,00...300,00Hz	Wird abgerufen über CF1 + CF2 (binär) bzw. SF3 (bit)
A024	4. Festfrequenz	0,00Hz	0,00Hz	0,00...300,00Hz	Wird abgerufen über CF3 (binär) bzw. SF4 (bit)
A025	5. Festfrequenz	0,00Hz	0,00Hz	0,00...300,00Hz	Wird abgerufen über CF3 + CF1 (binär) bzw. SF5 (bit)
A026	6. Festfrequenz	0,00Hz	0,00Hz	0,00...300,00Hz	Wird abgerufen über CF3 + CF2 (binär) bzw. SF6 (bit)
A027	[illegible]	[illegible]	0,00Hz	0,00...300,00Hz	Wird abgerufen über CF3 + CF2 + CF1 (binär) bzw. SF7 (bit)
A028	8. Festfrequenz	0,00Hz	0,00Hz	0,00...300,00Hz	Wird abgerufen über CF4
A029	9. Festfrequenz	0,00Hz	0,00Hz	0,00...300,00Hz	Wird abgerufen über CF4 + CF1
A030	10. Festfrequenz	0,00Hz	0,00Hz	0,00...300,00Hz	Wird abgerufen über CF4 + CF2
A031	11. Festfrequenz	0,00Hz	0,00Hz	0,00...300,00Hz	Wird abgerufen über CF4 + CF2 + CF1
A032	12. Festfrequenz	0,00Hz	0,00Hz	0,00...300,00Hz	Wird abgerufen über CF4 + CF3
A033	13. Festfrequenz	0,00Hz	0,00Hz	0,00...300,00Hz	Wird abgerufen über CF4 + CF3 + CF1
A034	14. Festfrequenz	0,00Hz	0,00Hz	0,00...300,00Hz	Wird abgerufen über CF4 + CF3 + CF2
A035	15. Festfrequenz	0,00Hz	0,00Hz	0,00...300,00Hz	Wird abgerufen über CF4 + CF3 + CF2 + CF1
A038	Tipp-Frequenz	6,00Hz	6,00Hz	0,00...9,99Hz	Tipp-Frequenz wird über Eingang JG aktiviert und direkt (ohne Zeitrampe) angefahren
A039	Tipp-Betrieb / Stop-Modus	4-Geführter Runterlauf an der Zeitrampe (Priorität gegenüber Start)	4-Geführter Runte...	0...5	Stopverhalten bei Tipp-Betrieb
A041	Boostcharakteristik	0-Manueller Boost (Spannungsanhebung immer aktiv)	0-Manueller Boos...	0...1	Boost bewirkt eine Spannungsanhebung im unteren Frequenzbereich
A042	Boosteinstellung	1,0%	1,0%	0,0...20,0%	A042 legt die Höhe der Spannungsanhebung fest
A043	Max. Boost bei % Eckfrequenz	5,0%	5,0%	0,0...50,0%	A043 legt die Frequenz mit der höchsten Spannungsanhebung fest
A044	U/f-Einstellung	3-Geberlose Vektorregelung (SLV)	0-U/f-Kennlinie, k...	0...3	Unter A044 wird die U/f-Charakteristik festgelegt
A045	Ausgangsspannung	100%	100%	20...100%	Einstellen der Ausgangsspannung
F001	Frequenzsollwert		0,00Hz	0,00...300,00Hz	Sollwertvorgabe Frequenz
F002	1. Hochlaufzeit	3,00s	10,00s	0,01...3600,00s	Zeit von 0Hz bis A004
F003	1. Runterlaufzeit	3,00s	10,00s	0,01...3600,00s	Zeit von A004 bis 0Hz
F004	Drehrichtung Taste RUN	0-Rechtslauf	0-Rechtslauf	0...1	Nur bei Start/Stop über die Taste RUN
F202	1. Hochlaufzeit 2.PS	10,00s	10,00s	0,01...3600,00s	Zeit von 0Hz bis A004
F203	1. Runterlaufzeit 2.PS	10,00s	10,00s	0,01...3600,00s	Zeit von A004 bis 0Hz
H002	Motordaten	0-Standardmotordaten H020...H024	0-Standardmotor...	0...2	Funktion legt fest, welche Motordaten in den Arbeitsspeicher geladen werden
H003	Motorleistung	2.2W	2.2W	0...15	Nennleistung des angeschlossenen Motors
H004	Motorpolzahl	2polig	4polig	2...10	Polzahl des angeschlossenen Motors
H005	Drehzahlregler Ansprechgeschwindigkeit	100%	100%	1...1000%	Erhöhen der Drehzahlregler-Ansprechgeschwindigkeit
H006	Motorstabilisierungskonstante	100	100	0...255	Je kleiner dieser Wert, umso stabiler läuft der Motor
H020	Motor constant R1	0,592Ohm	0,901Ohm	0,000...65,535...	Stator resistance
H021	Motorkonstante R2	0,444Ohm	0,452Ohm	0,000...65,530...	Ohmscher Widerstand des Läufers
H022	Motorkonstante L	3,41mH	4,66mH	0,00...655,30mH	Streuinduktivität
H023	Motorkonstante Io	4,87A	8,75A	0,00...655,30A	Magnetisierungsstrom
H024	Motorkonstante J	0,012kgm2	0,027kgm2	0,001...9999,00...	Massenträgheitsmoment
H030	Motorkonstante R1 (Autotuning)	0,901Ohm	0,901Ohm	0,000...65,530...	Ohmscher Widerstand der Ständerwicklung
H031	Motorkonstante R2 (Autotuning)	0,452Ohm	0,452Ohm	0,000...65,530...	Ohmscher Widerstand des Läufers
H032	Motorkonstante L (Autotuning)	4,66mH	4,66mH	0,00...655,30mH	Streuinduktivität
H033	Motorkonstante Io (Autotuning)	8,75A	8,75A	0,00...655,30A	Magnetisierungsstrom
H034	Motorkonstante J (Autotuning)	0,027kgm2	0,027kgm2	0,001...9999,00...	Massenträgheitsmoment
H050	Vektorregelung PI-Regler P-Anteil	0,20%	0,20%	0,00...100,00%	Einstellung P-Anteil Vektorregelung
H051	Vektorregelung PI-Regler I-Anteil	2%	2%	0...1000%	Einstellung I-Anteil Vektorregelung
H202	Motordaten 2.PS	2-Autotuning data	0-Standardmotor...	0...2	Funktion legt fest, welche Motordaten in den Arbeitsspeicher geladen werden
H203	Motorleistung 2.PS	2.2W	2.2W	0...15	Nennleistung des angeschlossenen Motors
H204	Motorpolzahl 2.PS	4polig	4polig	2...10	Polzahl des angeschlossenen Motors
H205	Drehzahlregler Ansprechgeschwindigkeit 2.PS	100%	100%	1...1000%	Erhöhen der Drehzahlregler-Ansprechgeschwindigkeit
H206	Motorstabilisierungskonstante 2.PS	100	100	0...255	Je kleiner dieser Wert, umso stabiler läuft der Motor
H220	Motorkonstante R1 2.PS	0,901Ohm	0,901Ohm	0,000...65,530...	Ohmscher Widerstand der Ständerwicklung
H221	Motorkonstante R2 2.PS	0,452Ohm	0,452Ohm	0,000...65,530...	Ohmscher Widerstand des Läufers
H222	Motorkonstante L 2.PS	4,66mH	4,66mH	0,00...655,30mH	Streuinduktivität
H223	Motorkonstante Io 2.PS	8,75A	8,75A	0,00...655,30A	Magnetisierungsstrom
H224	Motorkonstante J 2.PS	0,027kgm2	0,027kgm2	0,001...9999,00...	Massenträgheitsmoment
H230	Motorkonstante R1 (Autotuning) 2.PS	0,901Ohm	0,901Ohm	0,000...65,530...	Ohmscher Widerstand der Ständerwicklung
H231	Motorkonstante R2 (Autotuning) 2.PS	0,452Ohm	0,452Ohm	0,000...65,530...	Ohmscher Widerstand des Läufers
H232	Motorkonstante L (Autotuning) 2.PS	4,66mH	4,66mH	0,00...655,30mH	Streuinduktivität

Abbildung 12: Einstellungen Frequenzumrichter

3.2.6 Sicherheitsschaltung

Die Sicherheitsschaltung ist nach EN ISO 13850:2008 Pkt. 4.1.4 und EN 60204-1:2006 Pkt. 9.2.2 in die Stopp-Kategorie 0 einzustufen, dies bedeutet, dass die Energiezufuhr zu den Antriebselementen sofort getrennt wird.

Nach Entriegeln der Notaus-Schaltung darf die Maschine nicht von selbst anlaufen, daher wird die Freigabe der Maschine über einen beleuchteten Taster (Abbildung 13) kontrolliert.

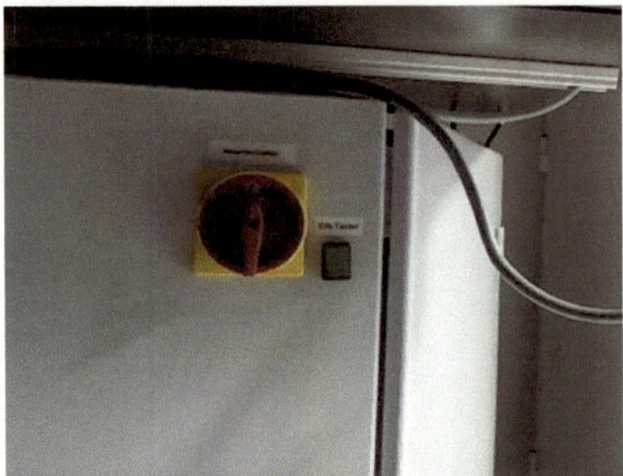

Abbildung 13: Taster

Die Steuerung muss mit Betätigen des Tasters (Abbildung 13) gestartet werden. Dies erfolgt über Schalten des Relais K1. Die Schaltung verfügt über eine Selbsthaltung des Relais K1. Weiterhin werden durch das Schalten von K1 die Kontakte X 2.5 und X 2.6 des Benezan Bordes gebrückt. Hierdurch wird die Not-Aus-Rückmeldung vom Benezan Board an den Rechner aufgehoben. Durch die Selbsthaltung wird auch das Relais K2 angesteuert, welches das 75V-Netzteil zur Endstufenversorgung aktiviert. Beim Abschalten der Maschine per Hauptschalter werden alle Relais stromlos geschaltet und die Steuerung ist in ihrer Ausgangsstellung. Die Signallampe im Taster signalisiert nach dessen Betätigung die Bereitschaft der Maschine.

Da dies noch keinen Einfluss auf die Sicherheit der Maschine hat, berücksichtigen wir weitere Fälle in der Schaltung. Daher wurden zwei Türschalter (Kapitel 3.2.6.1) und ein Notaus-Schalter (Kapitel 3.2.6.2) in Reihe geschaltet um das Not-Stopp-Signal zu unterbrechen bzw. durchzuschalten.

Durch ein unterbrochenes Not-Stopp-Signal wird die Selbsthaltung des Relais K1 aufgehoben.

Dies bewirkt, dass die Lampe des Starttasters erlischt, des Weiteren wird die Brücke der Kontakte X 2.5 und X 2.6 des Benezan Bordes geöffnet und das Board sendet ein Not-Stopp-Signal an den Rechner. Durch die aufgehobene Selbsthaltung des Relais K1 wird auch Relais K2 abgeschaltet, welches das 75V-Netzteil stromlos schaltet und somit auch die Endstufen.

Durch die Meldung des Not-Stopp-Signals des Benezan Boards wird Relais K1 abgeschaltet. Dadurch wird das Enable-Signal des Frequenzumrichters deaktiviert.

Das Benezan Board verfügt über einen Watchdog (Ladungspumpe). Dieser verhindert ungewollte Bewegungen beim Booten des Rechners, indem er keine Signale über das Benezan Board herausgibt und somit die Endstufen deaktiviert sind. Nach dem Boot des Rechners und dem Start der Software wird ein 5kHz Rechtecksignal auf den PIN der Ladungspumpe gegebenen und somit wird dem Board die Bereitschaft der Software signalisiert.

Tritt ein Fehler bzw. Kabelbruch von der Endstufe zum Benezan Board auf, so meldet das Benezan Board ein Not-Stopp-Signal an den Rechner, der die Steuerung sofort stoppt. Dies wird intern auf dem Benezan Board geregelt.

3.2.6.1 Türschalter

Für die Umsetzung des Eingriffsschutzes wurden zwei Türschalter (Abbildung 14) angebracht. Durch diesen Türschalter wird gewährleistet, dass die Schutztür geschlossen ist. Im nicht geschlossenen Zustand unterbricht er das benötigte Kontrollsignal vom Not-Stopp

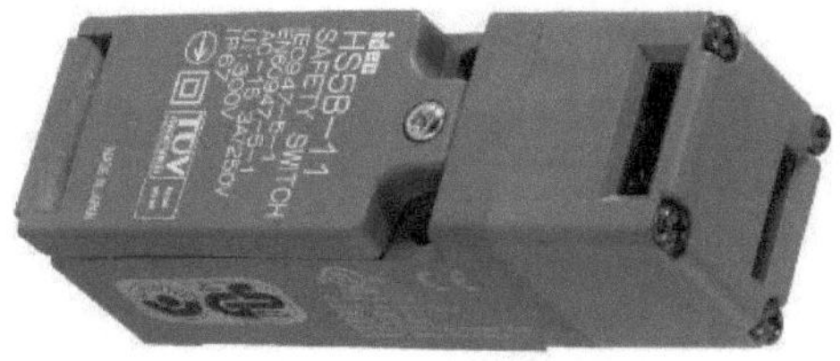

Abbildung 14: Sicherheitsschalter Idec HS5B-11NP-SET IP67 (Quelle: conrad.de)

Abbildung 15: Belegung Türschalter

Die Farbbelegung des 5 poligen Kabels ist aus Tabelle 3 zu entnehmen.

Tabelle 3: Belegung Türschalter

Farbe des Kabels (5 polig)	Belegung am Türschalter
Schwarz 1	1
Schwarz 2	2
Schwarz 3	3
Schwarz 4	4
Gelb-Grün (PE)	Nicht belegt

Zur Montage der Türschalter am Maschinengehäuse wurden Abstandshalter mit dem 3D-Drucker angefertigt.

3.2.6.2 Notaus-Schalter

Der Notaus-Schalter (Abbildung 16) ist ein Pilztaster in roter Farbe auf gelben Untergrund. Als Schaltfunktion dient ein Kontaktelement (Öffner) mit den Kontakten 1 und 2. Verschaltet ist er in Reihe mit den Türschaltern, was auch das Not-Stopp-Signal der Maschine unterbricht.

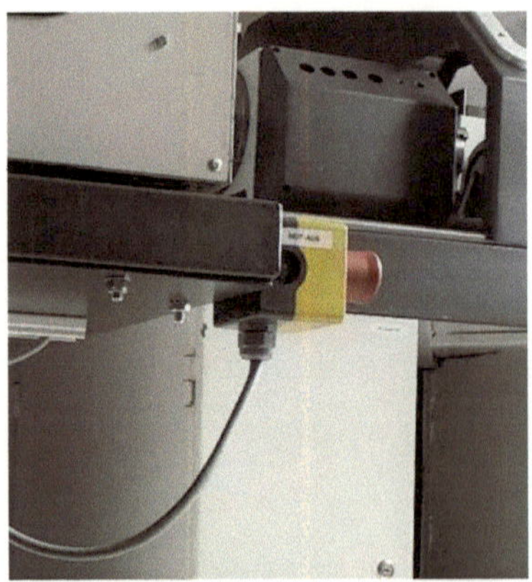

Abbildung 16: Notaus-Schalter

Die Farbbelegung des 5 poligen Kabels ist aus Tabelle 4 zu entnehmen.

Tabelle 4: Belegung Notaus-Schalter

Farbe des Kabels (5 polig)	Belegung am Not-Aus
Schwarz 1	1
Schwarz 2	2
Schwarz 3	Nicht belegt
Schwarz 4	Nicht belegt
Gelb-Grün (PE)	Nicht belegt

3.2.6.3 Beleuchtung Maschinenraum

Um die Sicht im Maschinenraum zu verbessern, wurden 2 LED-Lampen (Abbildung 17) angebracht.

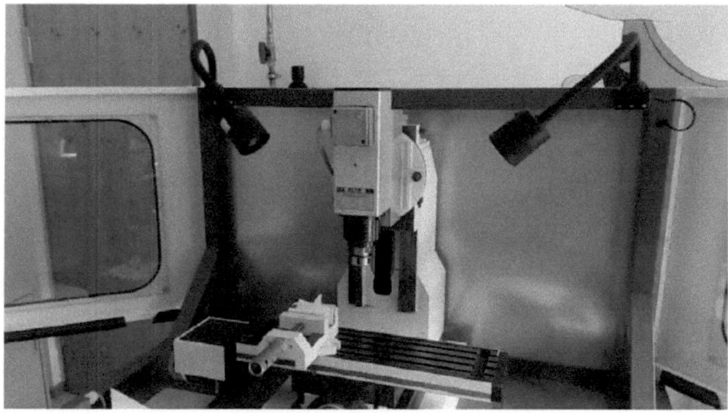

Abbildung 17: Beleuchtung Maschinenraum

3.2.7 Gesamtschaltbild

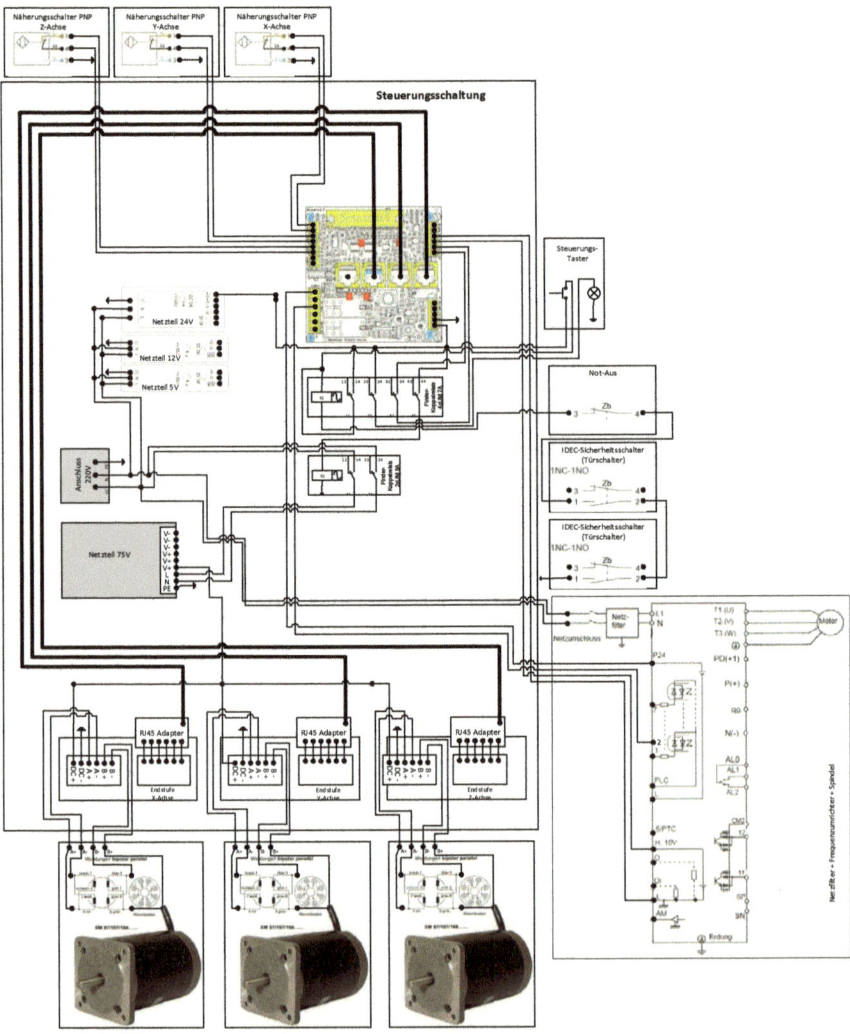

3.2.8 Ergebnis Elektrik

Abbildung 18: Schaltschrank

3.3 Software

Zur Ansteuerung der Maschine wurde ein neuer Rechner mit Linux aufgesetzt und die Software EMC LinuxCNC aufgespielt und die Steuerungsdateien der CNC-Drehmaschine an die Fräsmaschine angepasst.

Das Passwort für den neuen Rechner lautet: !23

3.3.1 anton_mill.hal

```
# Erstellt von stepconf am Tue Jan  7 11:23:40 2014
# Änderungen an dieser Datei werden beim nächsten
# Aufruf von stepconf überschrieben.
#
##mh## Version Stand 30.10.2014 von Manuel Horras, Markus Mohr, Ste-
phan Pletsch und Martin Michel
##mh## Werkzeugwechsler in Konfiguration enthalten (deaktiviert)
#
loadrt trivkins
loadrt [EMCMOT]EMCMOT base_period_nsec=[EMCMOT]BASE_PERIOD ser-
vo_period_nsec=[EMCMOT]SERVO_PERIOD num_joints=[TRAJ]AXES

##mh## COM-Anschlüsse definieren
loadrt probe_parport
loadrt hal_parport cfg="0x378 out  "
setp parport.0.reset-time 5000
loadrt stepgen step_type=0,0,0
loadrt abs count=1

##mh## Anpassung für Watchdog
loadrt charge_pump
##mh## entfernen von charge-pump.enable
##mh## vorher: net estop-out charge-pump.enable iocontrol.0.user-
enable-out
net estop-out iocontrol.0.user-enable-out
net charge-pump <= charge-pump.out
loadrt pwmgen output_type=1

##mh## parports der COM-Anschlüsse setzen
addf parport.0.read base-thread
addf stepgen.make-pulses base-thread
addf charge-pump base-thread
addf pwmgen.make-pulses base-thread
addf parport.0.write base-thread
addf parport.0.reset base-thread

addf stepgen.capture-position servo-thread
addf motion-command-handler servo-thread
addf motion-controller servo-thread
addf stepgen.update-freq servo-thread
addf pwmgen.update servo-thread
addf abs.0 servo-thread
```

```
##mh## PWM Signal für Frequenzumrichter
net spindle-cmd <= motion.spindle-speed-out => pwmgen.0.value
net spindle-on <= motion.spindle-on => pwmgen.0.enable
net spindle-pwm <= pwmgen.0.pwm
setp pwmgen.0.pwm-freq 300.0
setp pwmgen.0.scale 18000.0
setp pwmgen.0.offset 0.0
setp pwmgen.0.dither-pwm true
net spindle-at-speed => motion.spindle-at-speed
net spindle-cw <= motion.spindle-forward
net coolant-flood <= iocontrol.0.coolant-flood

##mh## Pinbelegung vom Benezan Board
##mh## (PIN1-9 + 14,16,17)
net spindle-on => parport.0.pin-01-out
setp parport.0.pin-02-out-invert 1
net xdir => parport.0.pin-02-out
net xstep => parport.0.pin-03-out
setp parport.0.pin-03-out-reset 1
setp parport.0.pin-04-out-invert 1
net ydir => parport.0.pin-04-out
net ystep => parport.0.pin-05-out
setp parport.0.pin-05-out-reset 1
setp parport.0.pin-06-out-invert 1
net zdir => parport.0.pin-06-out
net zstep => parport.0.pin-07-out
setp parport.0.pin-07-out-reset 1
net adir => parport.0.pin-08-out
net astep => parport.0.pin-09-out
setp parport.0.pin-09-out-reset 1
#setp parport.0.pin-14-out-invert 1
net spindle-ccw => parport.0.pin-14-out
net charge-pump => parport.0.pin-16-out
net spindle-pwm => parport.0.pin-17-out
##mh## Endschalter (PIN10-13+15)
net max-home-z <= parport.0.pin-10-in-not
net estop-ext <= parport.0.pin-11-in
net home-a <= parport.0.pin-15-in-not
net max-home-x <= parport.0.pin-13-in-not
net max-home-y <= parport.0.pin-12-in-not

##mh## X-Achse
setp stepgen.0.position-scale [AXIS_0]SCALE
setp stepgen.0.steplen 1
setp stepgen.0.stepspace 0
setp stepgen.0.dirhold 49876
setp stepgen.0.dirsetup 49876
setp stepgen.0.maxaccel [AXIS_0]STEPGEN_MAXACCEL
net xpos-cmd axis.0.motor-pos-cmd => stepgen.0.position-cmd
net xpos-fb stepgen.0.position-fb => axis.0.motor-pos-fb
net xstep <= stepgen.0.step
net xdir <= stepgen.0.dir
net xenable axis.0.amp-enable-out => stepgen.0.enable
net max-home-x => axis.0.home-sw-in
net max-home-x => axis.0.pos-lim-sw-in
```

```
##mh## Y-Achse
setp stepgen.1.position-scale [AXIS_1]SCALE
setp stepgen.1.steplen 1
setp stepgen.1.stepspace 0
setp stepgen.1.dirhold 49876
setp stepgen.1.dirsetup 49876
setp stepgen.1.maxaccel [AXIS_1]STEPGEN_MAXACCEL
net ypos-cmd axis.1.motor-pos-cmd => stepgen.1.position-cmd
net ypos-fb stepgen.1.position-fb => axis.1.motor-pos-fb
net ystep <= stepgen.1.step
net ydir <= stepgen.1.dir
net yenable axis.1.amp-enable-out => stepgen.1.enable
net max-home-y => axis.1.home-sw-in
net max-home-y => axis.1.pos-lim-sw-in

##mh## Z-Achse
setp stepgen.2.position-scale [AXIS_2]SCALE
setp stepgen.2.steplen 1
setp stepgen.2.stepspace 0
setp stepgen.2.dirhold 49876
setp stepgen.2.dirsetup 49876
setp stepgen.2.maxaccel [AXIS_2]STEPGEN_MAXACCEL
net zpos-cmd axis.2.motor-pos-cmd => stepgen.2.position-cmd
net zpos-fb stepgen.2.position-fb => axis.2.motor-pos-fb
net zstep <= stepgen.2.step
net zdir <= stepgen.2.dir
net zenable axis.2.amp-enable-out => stepgen.2.enable
net max-home-z => axis.2.home-sw-in
net max-home-z => axis.2.pos-lim-sw-in

##mh## Not-Aus
net estop-out <= iocontrol.0.user-enable-out
net estop-ext => iocontrol.0.emc-enable-in


##mh## Einstellung der Werkzeugwechsels
#loadusr -W hal_manualtoolchange
#net tool-change iocontrol.0.tool-change =>
hal_manualtoolchange.change
#net tool-changed iocontrol.0.tool-changed <=
hal_manualtoolchange.changed
#net tool-number iocontrol.0.tool-prep-number =>
hal_manualtoolchange.number
#net tool-prepare-loopback iocontrol.0.tool-prepare => iocon-
trol.0.tool-prepared
```

3.3.2 anton_mill.ini

```
# Erstellt von stepconf am Tue Jan  7 11:23:40 2014
# Änderungen an dieser Datei werden beim nächsten
# Aufruf von stepconf Ã¼berschrieben.
#
##mh## Version Stand 08.01.2013 von Manuel Horras und Markus Mohr
##mh## Werkzeugwechsler in Konfiguration enthalten
#
[EMC]
MACHINE = anton_mill
DEBUG = 0

[DISPLAY]
DISPLAY = axis
EDITOR = gedit
POSITION_OFFSET = RELATIVE
POSITION_FEEDBACK = ACTUAL
MAX_FEED_OVERRIDE = 1.2
INTRO_GRAPHIC = linuxcnc.gif
INTRO_TIME = 5
PROGRAM_PREFIX = /home/anton-mill/linuxcnc/nc_files
INCREMENTS = 5mm 1mm .5mm .1mm .05mm .01mm .005mm
PYVCP = custompanel.xml


[FILTER]
PROGRAM_EXTENSION = .png,.gif,.jpg Greyscale Depth Image
PROGRAM_EXTENSION = .py Python Script
png = image-to-gcode
gif = image-to-gcode
jpg = image-to-gcode
py = python

[TASK]
TASK = milltask
CYCLE_TIME = 0.010

[RS274NGC]
PARAMETER_FILE = linuxcnc.var
#RS274NGC_STARTUP_CODE = M61 Q1 G10 L1 P1

[EMCMOT]
EMCMOT = motmod
COMM_TIMEOUT = 1.0
COMM_WAIT = 0.010
BASE_PERIOD = 100000
SERVO_PERIOD = 1000000

[HAL]
HALFILE = anton_mill.hal
HALFILE = custom.hal
#Hal-Datei vom Handrad
#HALFILE = pendant.hal
POSTGUI_HALFILE = custom_postgui.hal


[TRAJ]
AXES = 3
COORDINATES = X Y Z
MAX_ANGULAR_VELOCITY = 7.00
```

```
DEFAULT_ANGULAR_VELOCITY = 0.70
LINEAR_UNITS = mm
ANGULAR_UNITS = degree
CYCLE_TIME = 0.010
DEFAULT_VELOCITY = 2.00
MAX_LINEAR_VELOCITY = 15.00

[EMCIO]
EMCIO = io
CYCLE_TIME = 0.100
TOOL_TABLE = tool.tbl
#Werkzeugwechsel-Position
#TOOL_CHANGE_POSITION = -10 0 -10 0

#X-Achse
[AXIS_0]
TYPE = LINEAR
HOME = 0.0
MAX_VELOCITY = 29.6875
MAX_ACCELERATION = 15.0
STEPGEN_MAXACCEL = 18.75
SCALE = 400.0
FERROR = 1
MIN_FERROR = .25
MIN_LIMIT = -95.0
MAX_LIMIT = 8.0
HOME_OFFSET = 10.000000
HOME_SEARCH_VEL = 10.000000
HOME_LATCH_VEL = 1.250000
HOME_IGNORE_LIMITS = YES
HOME_SEQUENCE = 0

#Y-Achse
[AXIS_1]
TYPE = LINEAR
HOME = 0.0
MAX_VELOCITY = 29.6875
MAX_ACCELERATION = 15.0
STEPGEN_MAXACCEL = 18.75
SCALE = 400.0
FERROR = 1
MIN_FERROR = .25
MIN_LIMIT = -340.0
MAX_LIMIT = 0.001
HOME_OFFSET = 10.000000
HOME_SEARCH_VEL = 12.000000
HOME_LATCH_VEL = 1.250000
HOME_IGNORE_LIMITS = YES
HOME_SEQUENCE = 0

#Z-Achse
[AXIS_2]
TYPE = LINEAR
HOME = 0.0
MAX_VELOCITY = 15
MAX_ACCELERATION = 10.0
STEPGEN_MAXACCEL = 10.75
SCALE = 400.0
FERROR = 1
MIN_FERROR = .25
MIN_LIMIT = -340.0
```

```
MAX_LIMIT = 0.001
HOME_OFFSET = 10.000000
HOME_SEARCH_VEL = 10.000000
HOME_LATCH_VEL = 1.250000
HOME_IGNORE_LIMITS = YES
HOME_SEQUENCE = 0
```

3.3.3 custompanel.xml

```
<?xml version='1.0' encoding='UTF-8'?>
<pyvcp>
        <vbox>
        <relief>RIDGE</relief>
        <bd>6</bd>
                <label>
                        <text>"Spindle Speed:"</text>
                        <font>("Helvetica",20)</font>
                </label>
                <bar>
                        <halpin>"spindle-speed"</halpin>
                        <max_>18000</max_>
                </bar>
                <label>
                        <text>"Spindle-At-Speed:"</text>
                        <font>("Helvetica",20)</font>
                </label>
                <hbox>
                    <label>
                            <text>"                "</text>
                            <font>("Helvetica",20)</font>
                    </label>
                    <led>
                        <halpin>"spindle-at-speed-led"</halpin>
                        <size>30</size>
                        <on_color>"green"</on_color>
                        <off_color>"red"</off_color>
                    </led>
                </hbox>
        </vbox>
</pyvcp>
```

3.4 Einkaufsliste

Für den kompletten Bau der Steuerung wurden folgende Teile benötigt:

Bezeichnung	Artikelnummer	Stück	Firma	Preis
Kabelkanal 25x45mm	551405 - 62	1	Conrad	7,19
Lasttrennschalter	703939 - 62	1	Conrad	35,46
HellermannTyton DELTA Tragschienen DEL-TA3F-	545703 - 62	1	Conrad	7,51
Zugfeder-Durchgangsklemme ST ST 2,5 Phoeni	744630 - 62	3	Conrad	2,55
Zugfeder-Schutzleiterklemme ST...-PE ST 2,5	744365 - 62	3	Conrad	8,52
Zugfeder-Durchgangsklemme ST ST 2,5 BU Phoe	744642 - 62	3	Conrad	2,55
Durchgangsklemme 5.2 mm Schrauben Rot ABB	1164883 - 62	3	Conrad	3,60
Durchgangsklemme 5.2 mm Schrauben Schwarz A	1164318 - 62	3	Conrad	3,60
Sicherungsklemme 8 mm Zugfeder Belegung: L	730204 - 62	3	Conrad	13,05
Steuerleitung ÖLFLEX® CLASSIC 110 5 G 1.5 m	1030119 - 62	1	Conrad	39,17
Schutzkontakt-Gummi-Stecker Schwarz	611980 - 62	1	Conrad	5,79
Aderendhülse 1.5 mm² 8 mm Teilisoliert Schw	617848 - 62	1	Conrad	2,63
Zwillings-Aderendhülse 1.5 mm² 8 mm Teiliso	700546 - 62	1	Conrad	3,03
RITTAL AE 1054.500 Kompakt-Schaltschrank 60	1.054.500	1	E-Breaker	165,75
Versandkosten				5,95
Graue Schaltschrank-Steckdose	SD D-LA GR	1	Reichelt	9,90
Steckdose, 16A	EL BJ FR ST	1	Reichelt	11,00
Finder-Koppelrelais 2xUM 8 A	FIN 49.52.9 24	3	Reichelt	21,45
Finder-Koppelrelais, 4x UM, 7 Amp	FIN 59.34.9 24	1	Reichelt	9,30
Schaltnetzteil, geschlossen, 24V / 2,5A /	SNT MW-MDR60-2	1	Reichelt	23,60
Schaltnetzteil, geschlossen, 12V / 1,6A /	SNT MW-MDR20-1	1	Reichelt	15,90
Schaltnetzteil, DIN-Montage, 10W / 5V / 2A	SNT MW-MDR10-5	1	Reichelt	13,55
Hutschienenhalter	BOPLA TSH 35	1	Reichelt	2,85
Weidmüller Reihenklemme 30 → 12 AWG, Beige,	425-190	1	RS-Components	8,29
Weidmüller 1050000000 Reihenklemmenzubehör	425-291	1	RS-Components	1,90
Weidmüller 1054460000 Reihenklemmenzubehör	425-320	1	RS-Components	11,47
Weidmüller Reihenklemme 30 → 12 AWG, blau,	425-285	1	RS-Components	8,29
Weidmüller 1050080000 Reihenklemmenzubehör	260-2484	5	RS-Components	1,90
Weidmüller Reihenklemme 26 → 10 AWG, Schwar	489-5307	1	RS-Components	10,36
Weidmüller Reihenklemme 30 → 12 AWG, Rot, 3	779-649	1	RS-Components	8,66
Erdungsblock, 2 Way Schraub 26 → 12 AWG, 60	528-0217	1	RS-Components	13,76
Interface Advanced PRO	EIF.ADVPRO	1	Sorotec	99,00
Adapterplatine von Interface PRO zu Digital	EZB.ADLEAP-DIG	3	Sorotec	14,70
Netzfilter 1-ph für FU 1,5-2,2kW	ZFU.NF1024	1	Sorotec	34,90
Gesamt				**627,13**

Tabelle 5:Bestellliste

4 Weitere Optimierungsmöglichkeiten (Folgeprojekte)

4.1 Mechanik

4.1.1 Kühlmittelpumpe/ Minimalmengenschmierung

Um bessere Schnittwerte und Oberflächen erreichen zu können, ist der Einbau einer Kühlmittelpumpe bzw. Minimalmengenschmierung zu empfehlen.

4.1.2 Montage des Monitors

Durch Befestigung des Monitors an der Maschine, könnte die Handhabung verbessert werden.

4.1.3 Werkzeugwechsler

Durch einen Werkzeugwechsler können CNC-Programme mit unterschiedlichen Werkzeugen vollautomatisch ablaufen.

4.2 Elektrik

4.2.1 Automatische Werkzeuglängenvermessung

Durch eine automatische Werkzeuglängenvermessung kann die Werkzeugwechselzeit erheblich verbessert werden.

4.3 Software

4.3.1 Simulationssteuerung

Um einen Simulationslauf unter realen Bedingungen, d.h. anhand der Endstufensignale, durchführen zu können, sollte es eine Möglichkeit geben, die Fahrsignale der Endstufen abzufangen.

Dadurch könnte eine Simulation in Siemens NX realisiert werden.

5 Abbildungsverzeichnis

Nicht gesondert gekennzeichnete Abbildungen sind eigens für diese Dokumentation von den Autoren selbst angefertigte Darstellungen oder Fotos.

Abbildung 2: Anschlussschema Contrinex DW-AD-603-M8 (Con) 5
Abbildung 3: Beschriftung Schrittmotor 5
Abbildung 4: Spindelblock 7
Abbildung 5: Zeichnung Kugelgewindespindel 8
Abbildung 6: Zeichnung Mutterblock 8
Abbildung 7: Maschinenrückwand 9
Abbildung 8: Benezan Breakoutboard 11
Abbildung 9: Endstufen 11
Abbildung 10: Anschlüsse Standardmotoren Serie SM87, SM 88 und SM 107 12
Abbildung 11: Elte Spindel 13
Abbildung 12: Einstellungen Frequenzumrichter 14
Abbildung 13: Taster 15
Abbildung 14: Sicherheitsschalter Idec HS5B-11NP-SET IP67 (Quelle: conrad.de) 16
Abbildung 15: Belegung Türschalter 16
Abbildung 15: Notaus-Schalter 17
Abbildung 16: Beleuchtung Maschinenraum 18
Abbildung 17: Schaltschrank 20

6 Tabellenverzeichnis

Tabelle 1: Daten Schrittmotor 6
Tabelle 2: Belegung Schrittmotor 12
Tabelle 3: Belegung Türschalter 17
Tabelle 4: Belegung Notaus-Schalter 18
Tabelle 5:Bestellliste 27

7 Literaturverzeichnis

[Con] **Contrinex AG** *data sheet - induktiver Näherungsschalter - DW-A -60 -M8* (600-M8.p65 / page2-3 / rev. 8/ 17.01.03 - MDM Ausg.). CH 1762 Givisiez - Switzerland.

[STÖ14] **STÖGRA ANTRIEBSTECHNIK GMBH (Januar 2014).** *Schrittmotoren Katalog 2014,* Ausgabe: Januar 2014. Abgerufen am *26.* Dezember *2014* von http://www.stoegra.de/pdf/sm_katalog_0114.pdf